DIRECTEUR
GUSTAVE PHILIPPON
Docteur ès sciences.

LA

Culture Maraîchère

PAR

E. A. SPOLL

HENRI GAUTIER, éditeur, 55 Quai des Gds Augustins, PARIS

N° 66 | Il paraît un volume tous les quinze jours

La Culture Maraîchère

Par E.-A. SPOLL

Nous n'avons pas la prétention d'apprendre aux maraîchers de profession leur métier, encore que les plus habiles praticiens puissent retirer quelque fruit d'une théorie basée sur les acquisitions récentes de la science. C'est surtout aux habitants de la campagne, qui abandonnent aux enfants et aux animaux de basse-cour des terrains qu'ils pourraient exploiter plus utilement pour l'augmentation de leur bien-être, que nous nous adressons, petits fermiers, ouvriers de la terre, citadins en villégiature, qui trouveront dans ce commerce quotidien avec la nature une agréable diversion à leurs préoccupations habituelles. Dioclétien se plaisait à cultiver des laitues, évidemment romaines, et, plus pres de nous, Bernardin de Saint-Pierre voyait tout un monde dans un plant de fraisier. Après un empereur et l'auteur de *Paul et Virginie*, ce n'est pas déroger que de chercher à pénétrer les arcanes de la culture maraîchère.

D'ailleurs le maraîcher parisien est le premier du monde : il se tient au courant des belles leçons de M. Georges Ville et de M. Maxime Cornu, et son marais est lui-même une école. La proximité lui rend les études faciles, lui permet d'expérimenter les nouveautés et les découvertes récentes.

Il n'en est pas de même du maraîcher de province, du petit cultivateur, des instituteurs, de tous ceux en un mot pour qui la culture maraîchère est, non seulement un commerce, mais encore un adjuvant à leurs modestes ressources.

C'est pour ceux-ci que nous avons résumé en un petit nombre de pages les principes et les instructions qui les mettront à même d'obtenir des légumes de première qualité et sans interruption du commencement à la fin de l'année.

E. A. S.

PHYSIOLOGIE VÉGÉTALE.

Que le lecteur veuille ne pas s'effrayer de cet en-tête scientifique. La théorie est mère de la pratique, et la science n'est pas si rébarbative qu'elle en a l'air au premier abord. Nous ne ferons d'ailleurs que résumer aussi clairement que possible les principes les plus essentiels d'une science renouvelée, sinon créée de nos jours, pour passer immédiatement à l'application.

Autrefois on cultivait suivant la méthode empirique, ce qui réussissait souvent. L'expérience ayant du bon, on avait raison de procéder comme ses devanciers. Mais aujourd'hui que les progrès accomplis par la physiologie végétale nous ont dit le pourquoi des choses, il est temps d'adopter une culture raisonnée, progressiste, pour nous servir d'un terme à la mode, et de renoncer à la routine.

La chimie nous apprend que sur cent plantes très différentes les unes des autres, l'analyse donne invariablement un petit nombre de corps simples, ou présumés tels, qui sont toujours les mêmes : oxygène, azote, hydrogène, carbone et en petites quantités de la silice, de la potasse, du phosphore, du fer, etc.

Mais s'il nous est permis d'analyser les végétaux, la nature nous refuse d'en opérer la synthèse. On a produit du diamant, mais aucun savant n'a pu reconstituer, non pas seulement une simple feuille, mais les éléments les moins compliqués des végétaux, tels la *palmelle*, qui recouvre le bas des murs humides. Il semble que la nature ne livre tant de secrets à notre observation patiente, que pour nous refuser celui de la vie, qui est le sien et qu'elle se réserve.

Inclinons-nous et sachons nous contenter de ce qu'il nous est permis de pénétrer.

Les plantes respirent et se nourrissent comme les animaux, mais, sans rechercher si elles ont ou non le sentiment de leur existence, nous observons qu'elles sont privées du mouvement qui permet à ceux-ci de se procurer leur nourriture. La montagne ne pouvant venir à Mahomet, c'est lui qui allait au-devant d'elle, mais c'est la nourriture qui vient à la plante. Elle la reçoit extérieurement par ses feuilles, souterrainement par ses racines.

La section d'une feuille vue au microscope montre qu'elle est formée d'un épiderme constitué par des cellules dures, dont les formes varient selon chaque plante, et qui sont serrées de façon à protéger les deux surfaces. L'intérieur est rempli par des cellules plus grandes, molles et entre lesquels il existe de nombreux vides. L'épiderme inférieur est semé de *stomates*, petites ouvertures au moyen desquelles l'eau et les gaz peuvent pénétrer sous la glaçure de l'épiderme et se répandre dans le tissu médian.

Si l'on prend une branche d'arbuste divisée en plusieurs rameaux, et que l'on plonge un de ceux-ci dans un vase rempli d'eau, toute la branche conservera sa fraîcheur. C'est un signe certain de la porosité des feuilles, organes à la fois de respiration et de nutrition. Donc les feuilles peuvent absorber l'air et la vapeur d'eau qu'il tient en suspension.

Les plantes peuvent également émettre par leurs pores de la vapeur d'eau. On a constaté, par exemple, qu'un tournesol d'un mètre de hauteur émet en l'espace de deux heures environ 220 grammes de vapeur d'eau.

Donc puisque les plantes absorbent et rendent l'eau à l'état gazeux. elles respirent. Nous verrons plus loin qu'elles recueillent et restituent ainsi d'autres gaz. C'est surtout la face supérieure des feuilles qui évapore et l'évaporation est plus considérable le jour que la nuit.

Une autre observation, qui intéresse plus particulièrement la culture, résulte des belles expériences d'Haberlandt, refaites par Lawes et Gilbert et par Dehérain. Les plantes non fumées évaporent de 400 à 680 kilogrammes d'eau pour élaborer 1 kilogramme de matière sèche, tandis que les plantes fumées en évaporent 220 kilogrammes pour obtenir le même résultat. Donc une plante bien fumée exige trois fois moins d'eau que la plante non fumée pour atteindre son développement. Cette découverte est de première importance pour les régions où les sécheresses persistantes sont à craindre. Fumer c'est arroser.

Durant le jour les feuilles de la plante décomposent l'acide carbonique de l'air, retiennent le carbone et exhalent l'oxygène. La nuit elles respirent comme les animaux, en absorbant l'oxygène de l'air et exhalant l'acide carbonique.

Il est facile de s'en assurer.

On fera passer sous une cloche de verre renversée dans un bassin aux deux tiers rempli d'eau la branche chargée de feuilles d'une plante qui tient au sol par ses racines, et on laissera passer sous la cloche une quantité d'air déterminée. Si l'opération a lieu le jour, lorsqu'on analysera l'air au sortir de la cloche, on s'apercevra qu'il a perdu au moins les deux tiers de son acide carbonique. Si c'est la nuit, l'air contiendra au contraire deux fois autant d'acide carbonique qu'avant son entrée sous la cloche.

Autre expérience. Plongeons dans un flacon d'eau de seltz fabriquee, c'est-à-dire de l'eau contenant en solution de l'acide carbonique, une plante qui croît dans les marais. Dans le bouchon du flacon faisons passer un tube courbé de façon à passer sous une éprouvette renversée sur un bassin rempli d'eau. Plaçons alors l'appareil au soleil. Des bulles de gaz tapisseront bientôt la surface des feuilles pour gagner la partie supérieure du flacon. Passant ensuite par le tube, elles s'élèveront dans l'éprouvette. Celle-ci remplie, on y introduira un charbon à moitié éteint; aussitôt il se prendra à brûler avec une vive lumière, preuve que son incandescence a lieu dans l'oxygène.

Nous avons dit que l'absorption du carbone et l'exhalaison de l'oxygène par les plantes est proportionnelle à l'intensité de la lumière. Le phénomène de la respiration des plantes est également influencé par la couleur de la lumière.

On a reconnu que sous l'influence de la lumière verte, par exemple, les plantes cessent d'exhaler l'oxygène. C'est ce qui explique pourquoi les plantes s'étiolent et meurent sous les grands arbres.

Les parties vertes des végétaux sont donc pour eux de véritables poumons qui se comportent comme ceux des animaux, consomment l'oxygène et émettent de l'acide carbonique, tandis que, durant le jour, ils se livrent à l'opération contraire. Une plante meurt lorsqu'elle a été quelque temps dans l'impossibilité de respirer. Passons maintenant aux racines, c'est-à-dire à la nutrition souterraine.

Lorsque l'on coupe l'extrémité d'une racine dans le sens de la longueur et qu'on l'examine au microscope, on observe qu'elle est munie de poils très fins, perméables aux gaz et aux liquides, revêtue d'un léger épiderme, qui s'accumule vers la pointe et resserre le tissu cellulaire qui devient plus lâche et plus facilement pénétrable un peu plus haut. C'est par là que les gaz et les liquides contenus dans la terre pénètrent dans l'intérieur de la plante. C'est pourquoi à l'aide des labours ou des binages on doit diviser la terre pour que les gaz contenus dans l'air puissent la pénétrer et monter dans les racines.

Mais comment s'opérera cette ascension? Tout simplement par le phénomène de la capillarité, en vertu duquel les tubes capillaires, c'est-à-dire fins comme des cheveux, plongés dans un liquide, attirent ce liquide qui s'élève à l'intérieur. Or les racines possèdent ces vaisseaux capillaires dont l'extrémité puise la nourriture de la plante. L'endosmose, ce courant qui s'établit du dehors au dedans entre deux liquides de densités différentes, séparés par une membrane très mince, nous fait comprendre comment les liquides contenus dans le sol pénètrent au travers du tissu qui forme l'extrémité des racines, et la capillarité comment ils montent d'eux-mêmes.

On a vu comment les plantes absorbent le carbone et l'oxygène, il nous reste à indiquer de quelle façon elles s'assimilent l'azote et les substances minérales. C'est dans les nitrates ou azotates, composés d'azote, d'oxygène et d'une base, comme la soude ou la potasse, que les racines vont chercher l'azote nécessaire à l'existence du végétal, ainsi que la soude ou la potasse. La plante absorbe l'azote et met en liberté l'oxygène.

A l'analyse les cendres des végétaux donnent généralement des carbonates de potasse et de soude, du chlorure de potassium, du sulfate de potasse, des carbonates de chaux et de magnésie, des phosphates de chaux et de fer et de la silice.

Comment la plante s'est-elle assimilé ces corps?

Tout simplement par le phénomène de la diffusion, qui est une endosmose moins le transport de liquide. Expliquons-nous. Supposons que l'on place au fond d'un tube de verre, fermé à sa partie inférieure, une petite quantité d'une solution saline pesante et colorée, et que l'on remplisse le tube avec de l'eau assez doucement pour que les deux liquides ne se mêlent pas, ce qu'il est facile de constater, on s'apercevra, après quelque temps écoulé, que le sel s'est répandu dans tout le liquide. Tel est exactement le mode d'absorption des substances solubles avec lesquelles elle se trouve en contact par les *spongiales* qui terminent les racines.

Comme nous ne faisons pas ici un cours de botanique, nous bornons à ces quelques notions ce que nous avions à dire touchant la physiologie végétale, nous réservant de parler brièvement de la germination. De ce qui précède il résulte qu'une plante est un être vivant puisqu'elle respire. se nourrit, et que la vie commune d'un végétal, comme le dit Decaisne, consiste dans la propriété qu'ont tous ses tissus d'absorber en commun les substances *inorganisées* nécessaires au développement de ses gemmes ou bourgeons.

La germination.

Pénétrer les mystères de la germination revient à expliquer par quelle évolution la graine morte, en apparence privée de vie, donnera naissance à une plante et reproduira l'espèce dont elle est issue. En résumé la germination est l'acte par lequel l'embryon, contenu dans la graine, s'accroît, se débarrasse de ses téguments et finalement se suffit à lui-même en puisant sa nourriture dans le milieu où il est placé.

Prenez, par exemple, la graine d'une plante pourvue de deux cotylédons : amande, gland de chêne, haricot. Soulevez les enveloppes de ces deux masses charnues accolées l'une à l'autre, et que l'on nomme cotylédons, écartez-les, et vous apercevrez à leur base l'embryon de la plante, le germe dans lequel on peut déjà distinguer trois parties : la *radicule*, qui s'accroîtra souterrainement, la *tigelle*, ébauche de la tige future et le *gemmule*, d'où naîtront les feuilles.

Ces premières constatations faites, si l'on confie à la terre plusieurs graines de haricot par un temps humide, ou fréquemment arrosées, et que l'on en retire une chaque jour pour étudier les changements successifs qui s'y opèrent, voici ce que l'on observera.

Après vingt-quatre heures la graine s'est gonflée d'eau. C'est la capillarité qui a attiré le liquide dans le tissu de la graine. Successivement, de jour en jour, déterrez les graines voisines et vous constaterez qu'en se gonflant le tissu intérieur de la graine a brisé son enveloppe extérieure, que les deux cotylédons se sont écartés l'un de l'autre, que la gemmule paraît à l'extrémité supérieure, en même temps que la radicule s'accroît à la partie inférieure et s'enfonce dans le sol. Petit à petit, cette dernière donne naissance au chevelu; la tigelle prend aussi son essor, entraînant avec elle les cotylédons qui sortent de terre et laissent passer deux feuilles.

Dès lors la plante est constituée, elle va respirer par ses cellules, se nourrir au moyen de ses racines et accomplir son évolution dans le temps marqué pour son espèce.

Parfois, les cotylédons restent dans la terre, comme il arrive pour le marronnier, et précisément pour une espèce de haricot, on dit alors qu'il sont *hypogés*, dans le cas contraire cité plus haut, ils sont *épigés*.

La germination n'exige pas seulement une certaine dose d'humidité, il lui faut aussi un degré de chaleur qui varie pour chaque espèce. Ainsi l'herbe qui croit entre les pavés de nos rues désertes, le *poa annua*, peut germer avec 1°, tandis que d'autres semences exigent jusqu'à 25°.

De même le temps de la germination est essentiellement variable. Le cresson alénois germe dans le cours d'une journée, tandis qu'il faut quelquefois plus d'une année à d'autres graines pour effectuer leur germination.

Donc la plante est un être vivant du moment qu'elle s'assimile des subtances inorganiques, constituant, selon l'ancienne division, un des trois règnes de la nature, le règne végétal, qui prend place entre le règne minéral et le règne animal.

ÉTABLISSEMENT D'UN JARDIN MARAICHER

LA CLOTURE

La première condition pour établir un potager ou jardin maraîcher, c'est qu'il soit clos, de telle façon que les animaux ne puissent y pénétrer et y exercer de ravages.

Les murs sont la meilleure clôture, à leur défaut des palissades bien serrées ou des haies très fournies, quoique celles-ci aient l'inconvénient d'occuper beaucoup de place.

Murs ou palissades doivent être profondément enfoncés dans le sol, 50 ou 60 centimètres de profondeur, si l'on veut éviter les incursions d'un certain nombre d'animaux nuisibles tels que fouines, putois, loirs et même lapins sauvages.

LE SOL

Une bonne terre de pré, plutôt légère que forte, si l'on préfère, une terre argilo-siliceuse, une terre franche, s'échauffant assez facilement au soleil sera celle qu'on doit choisir de préférence; il sera néanmoins facile par des amendements raisonnés de lui donner les qualités qui pourraient lui manquer.

Les divisions du terrain sont, on le conçoit, subordonnées à sa forme. S'il est étroit on le divisera par des allées en deux parties, en quatre s'il est carré ou si les dimensions le rapprochent de cette figure.

Ces grandes divisions sont ensuite subdivisées en planches de deux mètres environ de longueur sur moitié de largeur, entre lesquelles on ménagera des sentiers de 35 centimètres de largeur. Autant que possible on ne doit pas laisser dans le potager des arbres, fruitiers ou autres, à l'ombre desquels les légumes poussent mal. Le sol doit être horizontal et bien nivelé. S'il est naturellement en pente, on y remédie en coupant le potager par de petites terrasses.

L'EAU

L'eau en abondance est indispensable.

Point de légumes sans eau. De plus elle doit être aérée. L'eau de pluie est la meilleure, la plus mauvaise est l'eau des puits. Il est utile d'aménager l'eau en la répartissant dans des tonneaux ou des bassins de distance en distance, afin de faciliter l'arrosage.

Il y a deux façons de procéder : la première consiste à amener l'eau par des tuyaux de poterie dans les bassins ou tonneaux, aux deux tiers enterrés dans les carrés et placés à des niveaux différents, de sorte que l'eau, arrivant d'abord dans le réservoir supérieur puisse laisser échapper son trop plein dans un tuyau qui la conduira dans un autre un peu moins élevé que le premier, mais un peu plus que le troisième et ainsi de suite.

Dans l'autre méthode, on remplace les tonneaux par des prises d'eau sur lesquelles on visse des tuyaux mobiles en caoutchouc ou en toile, en cuir même, se terminant par une lance. Il faut pour cela que l'eau arrive avec une certaine pression et que naturellement elle soit contenue dans un réservoir placé à une hauteur suffisante au-dessus du sol, ordinairement 5 à 6 mètres.

PRÉPARATION DU SOL

Le sol doit être ameubli, c'est-à-dire retourné à la bêche, amendé, s'il est besoin, enfin fumé quelques mois avant de lui confier les semis, afin que le fumier bien consommé communique à la terre les sels et autres éléments fertilisants qu'il contient. Nous avons dit plus haut comment on le divise. Mais si l'on veut obtenir des produits plus hâtifs, il est encore nécessaire d'employer des coffres ou châssis à l'abri desquels on fera des semis sur couche et on élèvera le jeune plant.

LES SEMIS SUR COUCHE

On élève, dès les premiers jours de mars, à une exposition bien ensoleillée, une couche pourvue de *réchauds* que l'on entoure avec des coffres recouverts de châssis ou panneaux vitrés. Au fond des coffres on met de 15 à 20 centimètres de terreau. Lorsque la couche a jeté sa première chaleur et que le thermomètre enfoncé dans le terreau marque environ 30°, on tasse la terre pour qu'elle ne cède pas sous l'eau des arrosages. Si elle est sèche on la mouille et l'on procède au semis, en enterrant les graines à une profondeur proportionnelle à leur volume. On mêlera les plus fines à du sable de façon que le semis soit plus régulier, et plus clair, c'est-à-dire moins pressé. On arrose ensuite avec un arrosoir dont la pomme est percée de trous très petits et l'on renouvelle cette opération toutes les fois que la surface de la terre semble n'être plus humide. Il faut pourtant éviter les arrosages trop fréquents, car une fois le vitrage abaissé, il y aura plutôt abondance que manque d'humidité.

Pendant la nuit, on couvre les châssis avec des paillassons et on les découvre le jour si le temps est beau. On maintient sous les châssis une température de 12° à 15° pendant la nuit et de 18° à 20° durant le jour. Les graines une fois germées on soulève le châssis par derrière, afin de donner de l'air lorsque le temps le permet. On se sert à cet effet d'une crémaillère en bois. Si les rayons du soleil sont trop ardents pour les plantes encore tendres, on badigeonne le vitrage avec du blanc d'Espagne délayé dans de l'eau.

On peut économiquement remplacer le verre des châssis par du papier huilé.

ÉCLAIRCISSAGE ET REPIQUAGE

Lorsque les plants ont plusieurs feuilles, quatre au moins, on doit, pour certaines espèces, les éclaircir et les repiquer.

L'éclaircissage s'exécute lorsque les plants trop serrés sont gênés dans leur développement et ne doivent pas être repiqués.

Le repiquage est nécessaire pour la plupart des plantes. Il s'opère sur couche pour celles à racines fibreuses ou trop tendres, qui ne pourraient supporter encore la plantation à demeure.

Les graines semées sous châssis germent assez promptement et d'une façon plus régulière que les semis de pleine terre, la chaleur et l'humidité des couches favorisant la végétation.

SEMIS EN PLEINE TERRE

Ils se font de mars en mai, suivant les espèces, la température, le climat et la nature du sol. On doit choisir pour ces *pépinières* un sol léger, bien ameubli, à une exposition chaude et abritée des vents froids. On dessine sur la platebande destinée aux semis de petites cases rectangulaires au moyen du battoir, planchette sur laquelle on appuie avec le pied. Si le temps est sec, après avoir semé on couvrira les rectangles employés avec du paillis afin d'éviter que le vent emporte les graines fines ou duveteuses semées presque à la surface.

Pour que les graines semées germent plus vite on pourra les couvrir la nuit avec des cloches, qui les préservent, en outre, des insectes et on les lèvera le jour au moyen d'une brique ou d'une crémaillère. On les enlève après la germination. Les plants sont repiqués dans les conditions indiquées plus haut.

SEMIS SUR PLACE

Ces semis se font de janvier en août, suivant les espèces. On sème sur place les plantes robustes, celles qui supportent mal la transplantation, enfin celles dont on veut former des bordures. On en est quitte pour les éclaircir, afin de laisser aux autres l'air et l'espace nécessaires à leur bonne végétation.

LES SEMIS D'AOUT

Selon M. Gressent, l'éminent professeur de culture, les semis d'août sont les plus importants de l'année. A cette époque on confie à la terre des graines, qui, germant dès l'automne et surprises par le froid resteront dans un état de végétation stationnaire jusqu'au printemps. Semées à cette dernière époque les plantes issues des graines auraient l'inconvénient de monter prématurément, ce qui n'a pas lieu avec les semis d'août. En outre on en jouit beaucoup plus tôt. Nous indiquons plus loin quelles plantes doivent être semées à cette époque. Il en est même que l'on peut consommer jusqu'à l'hiver.

LISTE DES LÉGUMES A SEMER EN JUILLET-AOUT

Carottes. Cerfeuil. Chicorées. Choux. Choux-fleurs. Cressons. Épinards. Fraisiers sans filets. Haricots. Laitues et Romaines. Mâches. Navets. Oignons. Oseille. Persil. Pimprenelle. Pissenlit. Poireaux. Pois à rame. Radis. Raiponse. Salsifis.

L'importance des semis de juillet-août se fait encore plus vivement sentir dans les mauvaises années, où presque tous les semis de printemps manquent faute de chaleur ou par toute autre cause.

DES ENGRAIS NATURELS (1)

Les *fumiers*. On appelle fumier un mélange composé de substances végétales, qui ont servi de litière et sont imprégnées d'excréments d'animaux. Tels sont les fumiers de cheval, de bêtes à cornes et de moutons, les plus employés. Le fumier frais est préférable pour les terres fortes et qui retiennent l'eau, le fumier consommé ou *beurre gras* pour les terres sèches ou légères. De même le fumier de cheval vaut mieux pour les premières, celui des bêtes à cornes pour les secondes.

Le fumier du porc, très froid, convient à la culture des cucurbitacées : melons, citrouilles, concombres. Pour les plantes qui végètent rapidement, on peut employer le fumier des volailles, des lapins, des pigeons. La colombine, fiente de ce dernier animal, est très active. On fera mieux de la mêler à l'eau d'arrosage car elle risque de brûler les plantes.

La *poudrette* seule est un bon engrais, mais qui dure peu.

1. Pour les *Engrais chimiques*, consulter l'excellent traité publié par M. E. Roux dans notre collection.

Le *guano* est l'engrais le plus énergique. On le mêle également à l'eau, dans la proportion de 4 0/0.

Les débris de chair, le sang coagulé et desséché, les chiffons de laine, les cornes râpées, les os réduits en poudres sont aussi de bons engrais, comme la *gadoue* ou boue des villes, très employée pour la culture des légumes aux environs de Paris. Ces débris bien consommés se réduisent promptement en terreau. Le terreau qui provient des matières animales s'appelle *terreau doux* par opposition au *terreau acide*, issu de la décomposition des matières végétales. La *terre de bruyère* est un terreau qui se forme dans les terrains siliceux au moyen des débris de bruyères, de genêts, de fougères, etc.

Dans tout établissement agricole on agira sagement en accumulant et laissant fermenter les débris végétaux de toute sorte.

Les fumiers sont déposés dans une fosse étanche, retenant les liquides, lorsqu'ils doivent servir à l'engrais. Ceux au contraire qui doivent servir aux couches ou à faire du paillis sont élevés en tas sur un sol sec.

Le *fumier neuf* est celui qui vient d'être fabriqué; il sert à constituer les couches chaudes et tièdes. Le fumier est dit *vieux* lorsqu'il est resté entassé plus d'un mois. On les arrose avec du purin ou à son défaut avec de l'eau pour empêcher le développement du *blanc* de champignon.

Les *engrais liquides* ou bouillons, ce sont des matières animales ou végétales décomposées dans l'eau qui constituent ce que l'on appelle l'eau de fumier ou les bouillons, M. Barral indique deux procédés pour les obtenir :

1° On creuse une fosse large de quelques mètres et profond de 0, 70 à un mètre. On la pave et on la revêt de glaise pour qu'elle retienne le liquide. Au bas on établit une bonde communiquant avec un tonneau placé hors de la fosse et plus bas que la bonde. On emplit la fosse de fumier frais et de crotin, puis on y dirige de l'eau de pluie afin que le fumier soit bien trempé. Après quinze jours on ouvre la bonde et le liquide s'écoule dans le tonneau;

2 On emplit au tiers un ou plusieurs tonneaux de crottin de cheval, de bouse de vache, de guano humain, etc., avec un peu de fumier imprégné d'urine; et l'on achève d'em-

plir avec de l'eau. On remue chaque jour, et après deux semaines le bouillon est fait. On le tire par un robinet placé au bas du tonneau. C'est encore le procédé le plus expéditif et le plus économique.

Il ne faut pas cependant abuser de l'emploi de ces bouillons, car les plantes en souffriraient, mais employés quelques jours ils leur rendent la vigueur.

AMENDEMENTS ET COMPOSTS

L'amendement a pour objectif de modifier la nature d'un sol en vue d'une culture quelconque. C'est ainsi que 'on améliore les terres argileuses par un mélange de sable, de marnes et de terre calcaire, et les terres sablonneuses en les additionnant d'argile de façon à fournir à la terre les éléments qui lui font défaut.

La terre trop calcaire est amendée avec du sable et du terreau bien consommé. On corrige la froideur des terres blanches qui réfractent les rayons solaires avec du terreau, de la suie, des poussières de charbon. On emploie aussi, lorsque la terre manque de ces éléments, les cendres de bois, les plâtres très divisés, la chaux, la marne, etc.

Les composts sont des mélanges de diverses terres et d'engrais spéciaux propres à composer un milieu favorable à la végétation de telle ou telle plante. La terre franche est celle qui convient au plus grand nombre de végétaux; c'est celle que déposent les fleuves sous forme de limon: le Nil, la Garonne, le Rhône, etc.

Les composts sont surtout usités pour la culture des plantes en pots, peu usités dans les établissements maraîchers.

LE MATÉRIEL DU JARDINIER-MARAICHER

Arrosoir. — Il doit être en cuivre ou en fer battu, les trous des pommes très petits et à côtés plats.

Bèche. — Il est indispensable qu'elle soit bien aciérée et tenue proprement. La *fourche à dents plates,* d'invention américaine, est préférable. Elle est moins fatigante, divise mieux la terre et risque moins de couper les racines.

Binette. — C'est une espèce de houe, mais plus légère. Elle sert à creuser des trous pour planter haricots, pois, pommes de terre, etc., à biner ou à butter. La binette à crochet est utile pour enlever les mauvaises herbes.

Cisailles. — Elles servent à émonder les haies et les arbrisseaux.

Claie. — C'est un cadre en bois, garni de mailles de fer, qui sert à passer la terre, pour la débarrasser des pierres et des mottes d'herbes.

Cloche. — Elles sont ordinairement en verre, mais on peut en faire d'économiques avec une armature de bois, garnie de calicot écru.

Cordeau. — C'est une cordelette de 25 à 30 mètres attachée à ses extrémités à deux piquets pointus d'un côté. Il sert à faire les alignements et à tracer des cercles, des ellipses, etc.

Crible. — Comme la claie, il sert à passer la terre.

Déplantoir. — Une sorte de cuiller à manche de bois. Il sert à déplanter les oignons, les bulbes, les griffes, les plantes à repiquer, etc.

Fourche. — Instrument bien connu, qui sert à transporter le fumier, à le retourner ainsi que les couches. La meilleure est la fourche américaine, à cause de sa solidité et de sa légèreté.

Fumigateurs. — Appareils pour la destruction des insectes.

Houe. — Instrument dont la lame, carrée, ronde ou fourchue, fait un angle droit avec la douille. Le manche courbé a environ 0 m. 60. Elle sert à remuer les terres légères.

Paillassons. — Un bon jardinier doit les faire lui-même pendant l'hiver. Ils servent à abriter les plantes du froid ou d'un soleil trop ardent.

Persillières. — Pots percés de trous pour la culture hibernale du persil.

Plantoir. — Outil en bois pointu pour replanter les jeunes sujets.

Pompe à main. — Usitée dans les petits établissements. Elle est en cuivre ou en fer-blanc, et lance l'eau à plusieurs mètres de distance.

Râteau. — Instrument trop connu pour être décrit. Il est nécessaire d'en avoir de plusieurs dimensions, et dont les dents soient plus ou moins espacées.

Rouleau. — Il sert à forcer les plantes à taller.

Sarcloir. — Instrument qui sert à sarcler entre les plantes herbacées.

Sécateur. — Il s'emploie rarement chez le maraîcher, qui se sert plutôt de la *serpette.*

Serfouette. — Sorte de binette, dont le côté opposé à la lame porte deux dents servant à remuer la terre autour des jeunes plants très rapprochés.

Serpe à tondre. — Instrument qui sert à élaguer les bordures de thym, de buis, de sauge, etc.

Serres. — Constructions en fer et en verre pour abriter les plantes dans la saison froide et leur donner la chaleur qui leur est nécessaire.

Traçoir. — Sert à tracer aisément les rayons.

Tuteurs. — Bâtons plats ou ronds, pointus à une extrémité, que l'on enfonce près des plantes pour les soutenir. Les *rames* sont des tuteurs munis de leurs rameaux et sur lesquels on fait monter les plantes grimpantes.

PETIT VOCABULAIRE DES TERMES TECHNIQUES

Ados. — Terre en pente, exposée au midi, favorable à la culture des primeurs.

Aisselle. — Sommet de l'angle formé par une feuille avec la tige,

Annuel. — Se dit d'un végétal dont l'évolution entière se produit dans le cours d'une année.

Axillaire. — Qui part de l'aisselle.

Binage. — Action de briser la terre avec une binette autour d'une plante, afin qu'elle ne se durcisse pas, reste perméable, et de détruire en même temps les mauvaises herbes.

Bisannuel. — Se dit d'un végétal qui met deux ans à faire son évolution.

Bourgeon. — Renflement qui renferme les tiges et les feuilles avant leur développement.

Bulbe. — Tige souterraine, arrondie, composée d'un plateau charnu, d'écailles serrées portées par le plateau et d'un bourgeon central, également porté par le plateau.

Bulbeux. — Se dit des végétaux munis de bulbes.

Bulbille. — Petite bulbe.

Butter. — Amonceler de la terre en pyramide autour du pied d'une plante.

Caïeu. — Petit bourgeon qui se forme sur le côté d'un ancien oignon ou bulbe.

Charger. — Mettre sur le fumier d'une couche la quantité de terre ou de terreau nécessaire à la culture.

Chevelu. — Racines très menues des plantes.

Coffre. — Parallélogramme rectangle, formé de planches posées de champ et destiné à être recouvert par un châssis.

Collet ou *nœud vital.* — Point d'où part la racine et s'élève la tige.

Coulant. — Tige mince qui s'allonge en coulant sur le sol et donne naissance à des rosettes de feuilles et à des racines.

Drageon. — Jeune tige souterraine.

Dressoir. — Planche munie d'un manche, qui sert à border le terreau sur les couches.

Éclater. — Séparer les racines ou les pousses d'une plante — éclats — pour la multiplier.

Espèce. — Ce mot désigne en botanique une plante provenue, de tout temps, de plantes semblables à elle-même et dont naîtront des individus également semblables.

Famille. — Groupe de plantes que des caractères communs font réunir dans une même classe.

Folioles. — Petites feuilles attachées à un pétiole commun.

Genre. — Réunion d'espèces qui ont entre elles des rapports moins généraux que ceux qui constituent les familles, mais plus étendus que ceux qui établissent les espèces.

Germe. — Partie de la semence qui devient plante.

Germination. — Acte par lequel le germe s'accroît, se débarrasse de ses enveloppes et commence à se suffire au moyen de ses jeunes racines.

Inerme. — Végétal qui n'a pas d'épines.

Jauge. — Rigole qui sert à placer les plantes destinées à la transplantation, ou que l'on veut étioler pour la consommation.

Lisse. — Feuille ou fruit qui ne présente aucune inégalité.

Meuble. — Terre douce et bien divisée.

Nervures. — Côtes fibreuses des feuilles.

Œilletons. — Rejetons que poussent certaines racines — entre autres les artichauts — et qui servent à multiplier une plante.

Œilletonner. — Enlever les œilletons d'une plante.

Ombelle. — Disposition des fleurs en parasol.

Paillis. — Couche de litière ou de fumier non consommé que l'on étend sur les planches pour y conserver la fraîcheur ou l'humidité.

Panaché. — Se dit des feuilles nuancées de plusieurs couleurs.

Rayon. — Sillon tracé sur une planche pour disposer les plantes en ligne.

Réchaud. — Fumier neuf introduit dans une couche ou dont on l'entoure pour la réchauffer.

Rechausser. — Remettre au pied d'une plante la terre écartée par la pluie ou les arrosages.

Rejeton. — Jeune pousse produite par une racine loin de la tige.

Repiquer. — Replanter de jeunes individus à des distances réglées pour qu'ils se fortifient.

Rocambole. — V. *Bulbille.*

Rustique. — Plante facile à cultiver et qui résiste aux intempéries.

Sarcler. — Oter les mauvaises herbes à la main ou au moyen du sarcloir.

Serfouir. — Voir *Biner.*

Sillon. — Petite rigole tracée avec la binette pour semer des graines ou placer des bulbes.

Talles. — Branches qui partent du collet d'une plante.

Terminal. — Qui termine la tige.

Tigelle. — Tige naissante d'une plante en germination.

Tracer. — Se dit des racines qui se promènent horizontalement.

Tubercule. — Partie charnue arrondie produite par des rameaux souterrains.

Tuteur. — Bâton auquel on attache une plante faible ou flexible.

Variété. — Plante qui diffère par quelques points des individus de son espèce.

Vivace. — Opposé d'annuel et de bisannuel, plante herbacée qui dure plusieurs années et dont les tiges se renouvellent à chaque printemps.

MÉTÉOROLOGIE AGRICOLE

Nous nous bornons à exposer les principes qui concernent le sujet que nous avons à traiter.

Les vents.

Causés par l'inégale répartition de la chaleur à la surface du globe, les vents ont pour but, dans l'économie de la nature, de rendre l'atmosphère homogène. Dans le cas spécial qui nous occupe les vents sont à redouter pour les plantes herbacées, dont ils dessèchent les feuilles, cet organe respiratoire de la plante, et partant nuisent à sa végétation. C'est pourquoi on devra mettre à l'abri des vents dominants les plantes qui les craignent le plus, comme le pois, par exemple.

Les pluies.

On connaît la formation des pluies. La vapeur d'eau qui s'élève dans l'atmosphère, grâce à sa légèreté spécifique, gagne des régions plus froides où elle se condense et retombe en pluie.

Les pluies sont rares en certaines contrées, fréquentes en d'autres. En vue des applications au jardinage, il faut considérer la quantité d'eau — variable, d'ailleurs, suivant les années, — qui tombe en un lieu donné, et les changements qu'elle subit en raison des saisons et de la direction des vents. Il pleut davantage aux équinoxes qu'aux solstices; et dans le nord et l'ouest de la France la pluie accompagne souvent le vent d'ouest, alors que dans le sud-est elle vient plus souvent de l'est.

La neige.

Les cultivateurs prétendent que la neige engraisse la terre. En réalité, la neige n'est que de la pluie congelée.

Son avantage spécial est, durant les froids, d'offrir à la terre un abri contre le refroidissement de la température.

La chaleur.

Elle influe sur la végétation par son intensité et sa durée. Les températures extrêmes sont toujours nuisibles aux plantes si elles se prolongent. Chaque végétal a besoin, pour prospérer, d'une certaine chaleur et ne peut supporter que certaines limites dans les températures *maxima* et *minima.* On obvie aux unes par l'arrosage et les abris, aux autres par la protection des serres vitrées ou des cloches et des paillassons.

Gelées blanches.

Elles produisent les mêmes effets qu'un abaissement subit de la température. On les combat par des fumées, en brûlant des matières à bas prix, tels que le goudron, ou en couvrant les plantes délicates avec des paillassons, des toiles, etc.

La lune rousse.

Cette lune redoutée des maraîchers est toujours à cheval sur les mois d'avril et de mai. Elle n'est à craindre qu'une partie du mois et lorsque le ciel est parfaitement serein. Au fond, la lune n'a rien à voir dans l'affaire, mais elle coïncide à une époque de l'année où des nuits froides succèdent à des journées relativement chaudes. C'est cet écart trop considérable entre les températures diurnes et nocturnes qui est fatale aux plantes. On devra donc prendre les précautions nécessitées par l'état de l'atmosphère après le coucher du soleil.

La rosée.

On n'ignore pas qu'elle est causée par l'abaissement de la température des corps solides placés à la surface de la terre. Elle est bienfaisante, car elle remplace les arrosages et évite un abaissement trop considérable de la température dans les parties les plus susceptibles des végétaux.

La lumière.

Sauf pour la germination, qui est souterraine, la lumière est nécessaire pour tous les phénomènes de la végétation, car il est évident qu'en dehors de son action spéciale son intensité est proportionnelle à celle de la chaleur.

L'influence des orages.

Étant données les relations de la production de l'électricité avec les combinaisons chimiques, il est évident que l'électricité a une influence importante sur la végétation. « L'effet direct des décharges électriques, dit M. J. A. Barral, est de produire la combinaison de l'oxygène de l'air avec l'azote, ce qui donne l'acide azotique, en même temps que la vapeur d'eau étant décomposée, tout son hydrogène se combine aussi avec une autre portion de l'azote atmosphérique, ce qui produit l'ammoniaque. L'acide azotique et l'ammoniaque se combinent à leur tour pour former de l'azotate d'ammoniaque que l'on retrouve dans l'eau de pluie. Cette eau amène l'azotate d'ammoniaque dans le sol, et c'est ainsi qu'une partie de l'azote inerte de l'atmosphère est mis dans un état de combinaison tel qu'il puisse devenir assimilable aux plantes et utile à la végétation. »

LES PLANTES POTAGÈRES

Le peu de place dont nous disposons nous oblige à éliminer de notre liste les plantes dites de curiosité, ou les plantes nouvelles dont la culture n'a pas donné les résultats qu'on en attendait. Nous avons adopté l'ordre alphabétique moins scientifique que le classement par familles, mais plus commode pour les recherches. De même nous n'avons indiqué, pour chaque plante, que les variétés les plus estimées.

Ail (liliacées ordinaires). Plante bulbeuse. On plante les caïeux de février à mars dans une terre forte et saine, pas trop humide. Le fumier de cheval lui convient comme engrais. On le récolte lorsque la plante est complètement fanée. *Ail d'Orient*, plus doux, convient mieux pour être consommé cru.

Angélique (ombellifère). Se sème dès la maturité de la

graine, en été, dans un sol frais bien amendé. On transplante à l'automne, en espaçant d'au moins 0 m. 60. Récolte des tiges et des côtes pour confire. Monte en graine ordinairement la troisième année.

Artichaut (composées). *Gros vert de Laon*, *violet*. Le premier est préférable pour cuire, le second pour manger à la poivrade. Se reproduit de préférence par œilletons dans une terre profonde et fraîche. On choisit les plus beaux, vers le 15 avril, au pied des plants de l'année précédente.

On nettoie avec la serpette le talon, d'où partiront les racines et l'on transplante, dans un terrain profond et bien fumé auparavant, les œilletons en échiquier à la distance de 0 m. 80. Pour former une touffe on met deux œilletons. De fréquents arrosages doivent être donnés jusqu'à la reprise, et une cuvette est formée au pied de chaque plant pour retenir l'eau. On aura des artichauts dès l'automne. On butte les pieds rabattus à 0 m. 30 avant les gelées, avec des feuilles sèches, si mieux l'on n'aime conserver les pieds dans une cave saine. Les semis se font en février sous châssis, ou en place fin avril.

Asperge (liliacées). *Verte* et *violette*. La première se consomme coupée en petits tronçons, la seconde entière. Elle se multiplie par semis, ou plus ordinairement au moyen des racines vivaces appelées griffes. Celles-ci se placent dans une tranchée de 0 m.70 établie dans un terrain sain et de préférence calcaire, sur un lit de sable et de platras écrasés, que l'on recouvre de terre à moitié et que l'on comble après avoir placé les griffes. L'asperge craint l'humidité.

On sème en rayons espacés de 0 m. 25 à la profondeur de 0 m.15 On arrose dès la levée et l'on sarcle. Les plants peuvent être employés la seconde année. La distance pour la plantation est de 0 m. 40 au moins dans tous les sens. A l'automne, après la récolte, on coupe les tiges, et on recharge de 0 m.05 de bonne terre au printemps, après un binage. On fume tous les deux ans.

Pour la culture forcée. On établit des couches larges de 1 m. 30, hautes de 0 m. 60, que l'on recouvre de 0 m. 04 de terreau et sur lesquelles on place des châssis, abrités par des paillassons pour obtenir la chaleur nécessaire plus rapidement. Cela fait on plante debout des griffes de trois ans au moins très près l'une de l'autre et on garnit de terreau, sans recouvrir l'œil. On referme ensuite les panneaux des châssis.

Aubergine (solanées). On sème en février sur couche et sous cloche ou châssis, pour repiquer le plant sous châssis au moins deux fois, afin d'augmenter le chevelu, toujours sur couche chaude. On met en place en mai pour récolter en août. La meilleure variété est la *violette longue.*

Basilic (labiées). Employée comme assaisonnement, cette plante se sème sur couche au mois de mars et se repique deux mois après à exposition chaude.

Betterave (chénopodées). Généralement consommée comme assaisonnement de certaines salades, elle se sème en rayons du 15 mars à mai, dans un sol profond et bien meuble, et l'on met en place lorsque la racine est de la grosseur du doigt, en espaçant de 0 m. 40. On récolte en novembre. Les feuilles sont coupées et les racines conservées à l'abri de la gelée.

Capucine (tropéolées). Fourniture pour les salades. Deux variétés : la *grande* et la *naine.* On sème fin avril-mai pour repiquer en place. Les graines encore vertes se confisent dans le vinaigre.

Cardon (composées). *De Tours, plein inerme.* On sème en avril sur couches, ou au mois de mai en pleine terre, dans des trous remplis de terreau. Les pieds sont placés à la distance de 1 mètre dans tous les sens. Fréquents arrosements. Lorsque la plante est assez forte, on la blanchit en rapprochant les feuilles que l'on attache avec des liens de paille et l'on recouvre le tout de paille sèche dans le sens de la longueur, également retenue par des liens. Après trois semaines le cardon est bon à couper.

Carotte (ombellifères). Nous ne nous occuperons pas des variétés spécialement consacrées à la culture fourragère. Celles qui sont destinées à la table et les plus recommandables sont : la *carotte à châssis*, la *rouge courte de Hollande* et la *rouge longue.* La carotte à châssis de sème en août-septembre ou en février. On peut également semer ainsi la rouge courte de Hollande. On y mêle de la graine de radis ou de laitue pour qu'elle ne soit pas trop serrée dans sa croissance, et qui s'enlève auparavant.

Néanmoins la carotte qui résiste aux gelées peut se semer à l'air libre et à une exposition abritée dès novembre ou février, dans une terre sablonneuse ou franche, mais bien saine. On les recouvre légèrement avec du terreau. Les semis se font à la volée, très clairs, et l'on herse ensuite avec le râteau.

La carotte peut se repiquer très jeune dans les espaces restés vides, aux dépens de ceux qui sont trop fournis. On bassine légèrement, et pour éloigner certaine araignée, ennemie de la carotte encore tendre, on se trouvera bien de mettre un peu de suie dans l'eau d'arrosage. La récolte des semis de printemps se fait à la fin de l'automne avec la fourche à dents plates, favorable à l'arrachage des racines susceptibles. Pour conserver les carottes, on coupe les feuilles au-dessus du collet et on ensable. On peut encore l'hiverner à l'air libre en la couvrant d'une litière que l'on enlève pour aérer, lorsque le temps le permet. Pour récolter la graine on laisse debout les plus beaux plants ; c'est une sélection qui s'opère d'ailleurs pour toutes les plantes.

Céleri (ombellifères). *Monstrueux*, *violet de Tours*, *rouge anglais*. Le céleri se sème clair, à la volée, d'avril à mai en pleine terre, à partir de janvier sous cloche ou châssis. Il faut de fréquents bassinages. On repique en pépinière lorsque le plant est assez fort, et pour celui qui a poussé sous verre on ne le repique que lorsque les gelées ne sont plus à craindre. On met le plant en place dans des fosses ne laissant passer que l'extrémité de la plante, ou bien sur le sol en le buttant avec la terre, ou enfin en le liant avec trois liens pour l'étioler et l'attendrir. Il faut laisser un intervalle de 20 centimètres au moins entre chaque pied que l'on plante, dans une terre bien ameublée et amendée, plutôt fraîche que sèche.

Le *céleri-rave* que nous mentionnons à part est un excellent légume, dont on ne consomme que la racine qui devient énorme. Il est inutile dès lors de lier et de blanchir les feuilles. Il se cultive d'ailleurs comme les autres individus de l'espèce, mais demande beaucoup d'eau.

Cerfeuil ombellifères). *Commun*, *frisé*, *tubéreux*. Les deux premiers se sèment dans des planches ou en bordures dans les potagers particuliers, et en toute saison. Au printemps à l'exposition du midi, pendant les chaleurs au nord et à l'ombre. Il est assez long à germer.

Dans le cerfeuil tubéreux c'est la racine que l'on consomme. Il se sème à l'automne, point dru, dans une terre douce et bien sarclée et ne lève qu'au printemps suivant. On le récolte en été.

Chicorée (composées). *Sauvage améliorée, toujours blanche, de Meaux, scarole.* La chicorée sauvage comprend deux variétés recommandables : la *verte* et la *panachée* améliorées. La seconde est la plus délicate. Pour en avoir toute l'année, on fait des semis successifs sur couche ou en pleine terre, selon la saison. On sème très épais et l'on arrose beaucoup. Cette plante donne la *barbe de capucin* cultivée dans une cave. Le meilleur moyen est de percer un tonneau de trous régulièrement espacés par zones horizontales. On met un lit de sable jaune, un lit de racines de chicorées dont les feuilles ont été coupées au-dessus du collet et dont les têtes sont placées devant les trous.

Sous l'influence de l'absence de lumière et de la température égale et douce de la cave, les feuilles poussent minces, longues et d'un beau jaune clair. A l'air libre la chicorée sauvage réellement améliorée forme une sorte de pomme. dont les feuilles très serrées s'étiolent d'elle-même au cœur et sont très tendres en salade.

La chicorée toujours blanche et celle de Meaux sont frisées. On les sème dès janvier sous châssis, et en plein air au printemps jusqu'en juillet, dans une terre douce légèrement terreautée. Il leur faut beaucoup d'eau pour les empêcher de monter en graine. Lorsque le plant est assez fort, on met en place à 30 centimètres de distance en quinconce. Dès que la plante est assez garnie, on la lie du haut avec de la paille ou de l'osier fin pour la faire blanchir à l'intérieur. Dès lors il ne faut plus arroser qu'au pied de la plante, sans cela elle risquerait de pourrir.

Si l'on veut obtenir des primeurs forcées, on sème sur couche chaude en janvier-février et sous châssis, et l'on recouvre la graine d'une légère couche de terreau. On donne de l'air quand la température extérieure s'adoucit et on lie les plants comme ceux de pleine terre.

La *scarole* est une chicorée, qui se cultive comme elle. La *ronde* est la meilleure et celle qui réussit la mieux.

Chou (crucifères). Les variétés de cet utile légume sont innombrables. C'est le mets populaire de l'Alsace, de l'Auvergne et de presque toute la France du nord. Parmi ses variétés blanches citons : le *chou cabus*, de *Milan*, *cœur de bœuf*, *quintal d'Alsace*, et de *Vaugirard*, le plus tardif; parmi les rouges : le *pommé rouge* et le *noir d'Utrecht*. Les choux se sèment de préférence en juillet-août, se repiquent et passent l'hiver en terre espacés de 50 centimètres à un mètre. On dit qu'ils sont meilleurs lorsqu'ils ont subi la gelée, mais la raison de ce semis tardif c'est qu'ils sont sujets à monter en graine lorsqu'on les sème au printemps. Exception est faite pour le chou de Milan, que l'on a coutume de semer au printemps, mais qui peut l'être également à partir de la fin de l'été. Comme la plupart des plantes dont les feuilles sont épaisses, les choux demandent à être fortement arrosés.

Nous citerons pour mémoire parmi les choux verts, peu usités, le *chou cavalier*, le *palmier*, les choux frisés d'Écosse et de Naples, etc.

Le *chou de Bruxelles*, variété à part, qui semble appartenir à la race des choux de Milan, se cultive pour les petites pommes frisées croissant à l'aisselle des feuilles et que l'on cueille avant que les feuilles s'écartent.

Viennent ensuite les choux à racine : *chou-rave*, *chou-navet* ou *turnep rutabaya*, dont on consomme peu en France.

Enfin les *choux-fleurs* et les *brocolés*, qui cependant sont considérés comme une race à part. Les trois principales variétés sont le tendre, le demi-dur et le dur, et une quantité de sous-variétés dont les meilleurs sont le chou-fleur de *Saint-Brieuc*, qui se sème toute l'année, le *demi-dur de Paris* et *le dur d'Angleterre*, que l'on sème, le premier d'avril en septembre, et le second toute l'année.

Le chou-fleur demande une terre douce et saine, bien fumée, et beaucoup d'eau. Les maraîchers des environs de Paris récoltent des choux-fleurs dix mois de l'année.

Ceux qui sont semés à l'automme pour le printemps le sont sur une planche terreautée, au midi, et bien abrité; le dur et le demi-dur sont ceux qui conviennent le mieux pour cette culture. On peut également hiverner sous châssis. Les choux-fleurs semés l'hiver sont nécessairement élevés sous châssis.

Le chou *Pé-tsaï* ou *chinois* est une curiosité, qui produit beaucoup cependant et se sème à la fin de l'été. Il est peu sensible au froid. Le *Pak-Choï*, de même origine, a plus belle apparence et c'est un bon légume. Tous deux ont été rapportés de Chine par les Révérends Pères des Missions Étrangères.

Citons encore le *chou marin* ou *Crambé*, plante voisine des choux et très estimée en Angleterre.

Ciboule (liliacées). On sème une terre légère, mais substantielle en février et à la fin de juillet. La *ciboule vivace de Saint-Jacques* se multiplie au contraire par ses caïeux que l'on éclate et plante en bordure.

Ciboulette ou *civette*, se mutiplie aussi par caïeux et se sème en bordure.

Concombre (cucurbitacées). Principales variétés : *blanc hâtif, blanc de Bonneuil, vert à cornichons.* On le sème de décembre à mars sur des couches à melon, fin mars en place sur couche sourde, et d'avril en mai en pleine terre et en place. Les premiers s'élèvent sous châssis. La taille consiste à pincer la plante au-dessus du deuxième œil, un peu après le repiquage, puis les branches à 3 ou 4 nœuds, enfin à ôter les plus grandes feuilles pour les semis sous châssis.

Courge (cucurbitacées). Les variétés les plus usitées sont le *potiron*, le *giraumon turban*, puis parmi les meilleures qui sont moins connues la *coucouzelle d'Italie*, la *sucrière du Brésil*, et la *courge à la moelle*, ces trois dernières doivent être cueillies et consommées avant d'avoir atteint leur maturité. On fait germer les graines de courge sur couche et sous cloche dans des pots remplis de terreau, à partir de mars. Lorsque la plante a de 4 à 6 feuilles, on l'habitue insensiblement à l'air et on la met en place avec la motte de terreau, dans une terre saine et bien amendée. De fin avril à mai, on peut également semer en place dans des fosses d'un pied de profondeur et d'une largeur au moins égale, que l'on remplit aux deux tiers de terreau, puis de fumier. Les courges demandent des arrosages fréquents et abondants.

Cresson de fontaine (crucifères). Cette plante se sème sur le bord des eaux courantes, ou, à défaut, dans de larges baquets remplis de terre à mi-hauteur et que l'on couvre d'eau souvent renouvelée. Le *cresson alénois* se sème en terre fraîche et saine et à l'ombre. On est obligé de renouveler le semis toutes les quinzaines, la plante montant facilement en graine.

Échalote (liliacées). Cette plante, condiment obligé de l'entrecôte bordelaise se multiplie par des bulbes que l'on plante en terre douce et saine, fumée un an auparavant.

Épinard (chenopodées). Le balai de l'estomac, dit la sagesse des nations. Les meilleures variétés sont l'*épinard d'Angleterre*, à *feuille de laitue* et *monstrueux de Viroflay*. Nous conseillerons de le semer en août, si l'on veut éviter qu'il monte en graine prématurément.

Estragon (composées). Se multiplie en éclatant les pieds au printemps. Il demande une terre ameublie et se plante à 30 centimètres d'intervalle dans les grandes entreprises. Craignant les grands froids, l'estragon devra dans les cas de forte gelée être couvert de litière.

Fenouil (ombellifères). Se sème au mois de mars en terre légère et même sablonneuse. Les Italiens consomment crue la plante d'une variété indigène : le fenouil d'Italie.

Fraisier (rosacées). Se sème en toute terre et à toutes les expositions, mais se multiplie plutôt par les coulants. Demande des bassinages pour produire beaucoup. On économise les arrosages en garnissant de paillis les planches de fraisiers. Dans les jardins on le met en bordure. Les meilleures variétés sont : la fraise *de Gaillon sans filets*, des *Alpes* ou des *quatre saisons*, le *capron*. *la ricard*, *ananas*, de la *caroline*, très grosse, *Keen's seedling*, excellente et bonne pour forcer.

Fève de marais (papilionacées). *Naine*, de *Séville*, d'*Agua-dulce*, la plus grosse, de *Windsor*. La naine, hâtive, peut se semer sous châsses dès janvier. Les autres variétés sont mises en pleine terre de février à la fin d'avril. La fève demande un sol frais, pas trop de soleil. Elle est sujette aux pucerons; on l'en débarrasse en pinçant l'extrémité des tiges dès que ces insectes apparaissent.

Haricot (papilionacées). Cet excellent légume qui se consomme également en vert, frais et sec possède un très grand nombre de variétés que nous diviserons en haricots nains, haricots à rames et haricots à consommer plus spécialement en vert. Les meilleurs haricots à rames sont : le *soisson* et le *sabre;* les nains : le *beurre noir* et le *beurre blanc*, le *flageolet à feuilles gaufrées*, le *chevrier*, le *flageotet rouge*. Toutes les sous-variétés du haricot *suisse;* le blanc, le rouge, le gris de Bagnolet sont excellentes à manger en vert — le dernier le plus tardif — ainsi que le *noir de Belgique* et le *beurre d'Alger*. Les *doliques*, genre voisin du haricot, fournissent aussi un bon légume.

Le haricot se sème dans de petits poquets, 4 ou 5 graines à la fois, à partir du 20 avril. Il aime une terre légère, fumée de l'année précédente. On peut pousser les semis jusqu'en juillet pour la récolte du haricot frais ou sec et jusqu'au 15 août pour la récolte en vert. Les touffes doivent être plantées en quinconce et espacées de 30 centimètres dans tous les sens. Ce légume demande deux binages et il faut rechausser le pied des touffes, mais il n'a pas besoin d'arrosage. Il faut même se garder de travailler les haricots après une pluie et avant que les feuilles ne soient séchées.

Laitue (composées). Nous diviserons les laitues : 1° en laitues à semer en août hivernant sans couverture; 2° de printemps à semer sous châssis et sous cloche; 3° à semer sous cloche et en pleine terre; 4° laitues romaines.

Dans la première série, les variétés à choisir sont : La *grosse brune*, le *cordon rouge, rouge d'hiver;* dans la seconde: le *chou de Naples*, la *chartreuse*, *à couper*, et la *gotte lente à monter;* dans la troisième : la *batavia*, la *blonde d'été* et la *sanguine à graines noires;* enfin, parmi les romaines, nous recommanderons la culture de la *verte*, du *chicon pomme en terre* et de la *sanguine*, très délicate.

Lës laitues se sèment clair dans un sol ameubli, léger et substantiel. Il faut les arroser souvent. On repique le plant lorsqu'il a quatre feuilles. L'été on fera bien de pailler les planches à laitue; le paillis conserve l'humidité des arrosages. La laitue s'espace à 40 centimètres, la romaine à 30 centimètres. La laitue à couper ne se transplante pas.

Lentille (papilionacées). La *lentille blonde* est la plus cultivée. On la sème en touffes ou en rayons, de préférence dans des terrains secs et sablonneux. Les Romains faisaient, dit-on, germer leurs lentilles avant de les consommer, pour en développer le goût.

Mâche (valerianées). Se sème à la volée tous les huit jours, du 15 août à la fin d'octobre. Elle aime une terre bien divisée et fumée de l'année précédente. On bassine souvent et l'on récolte selon les besoins. La meilleure variété est la ronde.

Melon (cucurbitacées). *Maraîcher*, *cantaloup*, *Gressent*, *plein blanc*, *d'Alger*, *de Cavaillon*, *grimpant*. La culture de ce fruit délicieux est assez compliquée. M. Gressent la décrit très clairement. On sème de janvier à mars, sous châssis ou en place sous cloche, selon les espèces.

Pour les melons cultivés sous châssis, on se sert de coffres de bois blanc, le plus poreux possible. La couche montée et garnie de terreau mélangé d'un tiers de bonne terre, on pose les châssis, on les recouvre avec des paillassons et on laisse écouler une semaine pour laisser passer la première chaleur.

Cela fait, on creuse à la profondeur de 3 centimètres avec le doigt des trous espacés de 18 centimètres en lignes séparées par une distance de 20 centimètres au moins. On pose, dans chaque trou, une seule graine à plat. On couvre les semis la nuit, et le jour s'il fait froid, avec un ou deux paillassons selon la température. Avant de fermer on essuie la buée à l'intérieur des vitres des châssis pour éviter que la graine pourrisse.

Dès que les melons ont germé on a soin de maintenir la couche à une température de 25 à 30 degrés. Les réchauds doivent toujours monter jusqu'aux châssis ; s'ils baissent, on les recharge de fumier, s'ils se refroidissent, on élève leur température avec du fumier frais.

Lorsque les melons ont quatre feuilles, on les déplante pour les mettre en place et donner la première taille. Quelques jours après la mise en place, le melon émet de nouvelles racines, s'il a été bien planté jusqu'aux cotylédons.

On a eu soin avant de le replanter de préparer des couches chaudes et de nouveaux coffres que l'on remplit cette fois de terreau et de terre, celle-ci dans la proportion de trois cinquièmes, le tout sur une épaisseur de 25 centimètres. On remplit alors les sentiers qui séparent les châssis avec du fumier mouillé, tassé et un réchaud montant jusqu'en haut du coffre. On ne transplante qu'au bout de cinq ou six jours lorsque, ainsi que nous l'avons déjà dit, les châssis refermés et couverts de paillassons, la terre est redevenue tiède.

Les trous sont préparés d'avance à raison de trois par châssis de 1 m. 30, et l'on fait la plantation vivement, pour ne pas laisser les racines à l'air.

Pour cela on emploie le déplantoir qui permet d'enlever la racine avec la motte de terre qui l'entoure. Le melon placé dans le trou on presse autour du pied la terre et l'on arrose légèrement sur le périmètre de la racine mais pas au pied. La couche est ensuite paillée et l'on opère la première taille.

On coupe avec la serpette sur les deux premières feuilles, au lieu de pincer, ce qui abîme la tige.

Les vitres intérieures des châssis doivent être essuyées, comme il est dit plus haut. Quelques jours après la mise en place et la première taille, les rudiments des secondes racines s'allongeront et la végétation deviendra plus active. La première racine dépérit et dès lors les deux bras poussent vigoureusement.

Pour obtenir de très beaux melons, il faut n'en conserver que deux par pied, un sur chaque bras, en dessous sur le bras gauche et en dessus sur le droit, ou le contraire. Il faut également éviter les ramifications trop nombreuses, qui fatiguent la plante. On ne laisse pas les deux bras s'allonger au delà de dix feuilles pour chacun. Alors on les pince sur *huit* feuilles. On a également, à mesure que poussent les deux bras, supprimé dès leur naissance et à la base tous les rameaux se produisant sur le dessus et le dessous des bras. Bientôt les *huit* branches nées sur chaque bras se développeront à leur tour et produiront des feuilles et de petites ramifications portant des fleurs femelles. Au bout de quelques jours les melons seront noués, et lorsqu'ils seront de la grosseur d'une noix, on pincera les ramifications sur cinq à six feuilles et à deux feuilles au-dessus du fruit pour les branches portant les melons. Ce pincement, arrêtant la végétation herbacée, concentre la sève sur les fruits.

Après une semaine ils seront de la grosseur d'une pomme, on choisira ceux que l'on conserve pour supprimer les autres. Quelques ramifications pousseront encore, mais on aura soin de ne pas leur laisser prendre de développement, et les melons grossiront rapidement jusqu'à maturité. Il y a encore d'autres façons de cultiver les melons, mais nous devons nous borner à celle que nous venons d'indiquer.

Menthe (labiées). On admet dans les jardins de cette plante, qui se multiplie de drageons dans un terrain frais.

Navet (crucifères). Des *Vertus*, de *Freneuse*, de *Meaux*, telles sont les meilleures variétés. On le sème du 15 juin au 15 août et même jusqu'au 1er septembre dans les terres légères. Les semis se font clair et à la volée. Cet assaisonnement du canard et du pot-au-feu est sujet à monter en graine, aussi, pour y obvier, emploie-t-on la graine vieille et non de l'année.

Oignon (liliacées). *Blanc hâtif*, *jaune des Vertus*, *rouge pâle*, *rouge monstre de Lezignan*, *de Madère*. La première de ces variétés se sème en août ou en février, la seconde en février. La culture de l'oignon diffère d'ailleurs selon les sols et les climats. Les semis se font ordinairement en place, en pépinière pour établir des carrés par le repiquage ou *à la baguette*, c'est-à-dire dans des rayons tracés avec une baguette le long d'un cordeau. L'oignon demande une terre substantielle, fumée de l'année précédente ou terreautée. Après le semis il faut piétiner la terre ou la passer au rouleau. On multiplie aussi l'oignon au moyen de bulbilles, mais seulement l'oignon rouge.

Oseille (polygonées). L'*oseille de Belleville*, *vierge* et l'*oseille à feuille d'épinard*, sont les variétés préférables. On sème en juillet-août de préférence au printemps; la plante étant ainsi moins sujette à monter en graines. Les semis se font à la volée et en planche, ou bien en bordure. L'oseille vierge se multiplie par éclats. Un terrain léger et profond est celui qui convient.

Panais (ombellifères). La meilleure variété est le *panais rond* ou *de Metz*. Il se sème au mois de février dans tous les sols, et sa graine ne conserve qu'un an ses qualités germinatives.

Persil (ombellifères). *Commun* et *frisé*. Ce dernier fait de jolies bordures. On le sème dans un terrain bien ameubli depuis février jusqu'au mois d'août. Le persil craint le froid, il faut le couvrir avec des paillassons, si l'on veut en avoir l'hiver. On peut même le semer sous châssis.

Pimprenelle (rosacées). C'est une salade peu usitée, mais précieuse pour les lapins. Elle est vivace, robuste et pousse partout. On la sème au printemps ou à l'automne.

Poireau (liliacèes). Les poireaux de *Rouen*, de *Carentan* et du *Poitou* sont les plus estimés. Il faut à cette plante une terre substantielle, amendée l'année précédente avec du fumier du cheval ou de mouton. On le sème à la volée en février-mars ou en juillet. Lorsqu'il a la grosseur d'un tuyau de plume, on le repique en ligne, espacé de 8 à 10 centimètres, après avoir coupé l'extrémité des feuilles et des racines.

Pois (papilionacées). Le *nain hâtif*, le *nain de Hollande*, le *ridé nain*, le *Michaux de Hollande*, le *Clamart*, le *mange-tout Debarbieux* et le *pois éclair*, — ces deux derniers sont des nouveautés — sont à signaler parmi les innombrables variétés de ce légume. Le Michaux de Hollande et le Clamart étant grimpants demandent des rames.

Les pois poussent facilement, cependant ils préfèrent un sol sain et léger. On les sème en rayons ou mieux dans des poquets, où l'on en jette quatre ou cinq. Les trous doivent être espacés de 35 centimètres et recouverts de peu de terre.

Les pois se sèment de novembre à janvier, à l'exposition du midi, puis de février à avril à toute exposition. Pour les primeurs, on force sur couche et sous châssis, mais les pois ainsi obtenus n'ont jamais la saveur de ceux qui poussent à l'air libre.

Pomme de terre (solanées). La pomme de terre demande une bonne exposition, un sol léger, sablonneux même et pas de fumier. On les met en mars dans des trous et on les recouvre avec de la litière, de peur des gelées. Les espèces précoces sont la *marjolin jaune*, la *quarantaine*, *comice d'Amiens* et *violette à chair jaune*. Parmi les autres, les variétés les plus délicates sont la *corne de Faulquemont*, la *jaune longue de Hollande*, la *rouge longue de Hollande* et la *vitelotte*.

La pomme de terre se multiplie par ses tubercules qu'il vaut mieux planter entiers que par morceaux. Les semis ne sont pas usités.

Pourpier (portulacées). Cette plante méridionale craint les gelées. On ne la sème en pleine terre qu'à partir de mai et durant tout l'été. Le *pourpier doré à larges feuilles* est le plus estimé.

Radis (crucifères). Les variétés en sont nombreuses. Nous recommanderons le *radis rose hâtif*, qui donne toute l'année, l'*écarlate*, le *rouge de Metz*, le *rose d'hiver de Chine*, et le *radis noir d'hiver*. On sème à la volée et clair, toute l'année pour les petites variétés. Le noir et le rose d'hiver de Chine se sèment en juillet et août. L'été on sème à l'ombre. La terre doit être piétinée avant, si l'on veut que la racine se forme bien. Pour les primeurs on sème sous châssis. Au contraire pour avoir des radis l'hiver on choisit le rose d'hiver de Chine, très gros, très ferme, d'une saveur excellente et qu'il suffit, par les grands froids, de couvrir d'un paillasson. La *rave*, proche parente du radis, se cultive comme lui.

Raiponce (campanulacées). Cette salade se sème en juin-juillet sur un sol bien ameubli, et comme la graine est très fine on la mêle par moitié avec du sable bien sec. On recouvre ensuite légèrement avec du terreau et l'on bassine tous les jours. La récolte se fait à partir de février jusqu'à la fin d'avril. C'est une bonne ressource pour l'hiver et le début du printemps.

Salsifis (composées). On sème en rayons de février en avril, dans un terrain meuble et substantiel. Si le temps est sec, arroser souvent pour faciliter la germination. La récolte des racines comestibles se fait en automne. La *Scorsonère d'Espagne*, dont la racine est noire, reçoit la même culture, mais il est mieux de n'arracher les racines que la seconde année.

Sariette (labiées). Il y en a deux variétés : l'*annuelle* et la vivace. On sème ce condiment obligé de la fève de marais une première fois à l'automne. Elle germe au printemps et se perpétue en laissant tomber ses graines sur le sol. La vivace se multiplie par éclats.

Thym (labiées). Même culture que pour la sariette, dont il est le proche parent.

Tomate ou *pomme d'amour* (solanées). On a depuis quelques années beaucoup amélioré cette plante précieuse dont les variétés sont nombreuses. Citons la *naine hâtive*, la tomate à *feuille crispée*, la *champion écarlate*, très lisse, la *cerise*, la *grosse jaune*, etc. On sème de bonne heure sous châssis pour repiquer vers le 15 avril à 75 centimètres de distance. Sauf la naine, qui peut se passer de tuteur, on les attache à un échalas, dès qu'elles ont atteint une hauteur de 40 centimètres. A 70 centimètres on pince le sommet des tiges et les pousses secondaires. On effeuille lorsque la plante porte un nombre de fruits suffisant. La tomate demande un sol bien fumé et beaucoup d'eau jusqu'au moment où les fruits tournent, c'est-à-dire passent du vert au jaune puis au rouge.

Topinambour (composées). Ce légume qui n'est pas assez apprécié, pousse dans tous les terrains, sans arrosage. Sa culture est la même que celle de la pomme de terre, mais on peut planter les tubercules dès le mois de février, car ils résistent au froid. On récolte au fur et à mesure des besoins et ceux qui restent en terre suffisent amplement à la multiplication pour l'année suivante.

TABLE DES MATIÈRES

Pages.

Le Gérant : HENRI GAUTIER.

IMPRIMERIE NOIZETTE ET Cie, 8, RUE CAMPAGNE-1re, PARIS.

HENRI GAUTIER, éditeur, 55, quai des Grands-Augustins — PARIS.

BIBLIOTHÈQUE SCIENTIFIQUE DES ECOLES ET DES FAMILLES

CONDITIONS DE VENTE :

CHEZ TOUS LES LIBRAIRES

MARCHANDS DE JOURNAUX

ET DANS LES GARES

LE VOLUME : 15 CENTIMES

Franco par la poste en s'adressant à M. HENRI GAUTIER, Éditeur, 55, quai des Grands-Augustins, Paris

Un volume : 20 centimes ; 2 vol. 35 centimes ; 25 vol. 4 francs.

VOLUMES EN VENTE :

1. **La Photographie**, les appareils et leur usage, par A. et L. LUMIÈRE.
2. **Les Fourmis**, par H. MERCEREAU.
3. **Les Travaux de M Pasteur**, par GUSTAVE PHILIPPON
4. **Les Parfums**, par H. COUPIN.
5. **Neige et Glaciers**, par C. VELAIN, chargé de cours à la Fac. des Sciences de Paris.
6. **Lavoisier, sa vie, ses travaux**, par H. MERCEREAU,
7. **Les Ballons**, par CAPAZZA.
8. **Sucres, Sucrerie et Raffinerie**, par A. HÉBERT.
9. **Les Animaux travailleurs**, par VICTOR MEUNIER.
10. **Les Plantes vénéneuses**, par L. DUCLOS.
11. **La Soie, soie naturelle, soie artificielle**, par H. MERCEREAU.
12. **Les Impôts sous l'ancien Régime**, par L. PRÉVAUDEAU.
13. **La Photographie**, développement et tirage, par A. et L. LUMIÈRE.
14. **Le Collectionneur d'insectes**, par HENRI COUPIN.
15. **L'Eclairage électrique**, par E. DUMONT.
16. **L'Industrie de l'alcool**, par A. HÉBERT.
17. **Les Microbes de l'air**, par R. CAMBIER,
18. **La Fièvre, théories anciennes et modernes**, par le Dr GARRAN DE BALZAN.
19. **Le Diamant**, par H. MERCEREAU.
20. **La Céramique et la Verrerie à travers les âges**, par CH. QUILLARD.
21. **Hygiène du Chauffage et de l'Eclairage**, par N. GRÉHANT, prof. au Muséum.
22. **Les Impôts depuis la Révolution**, par L. PRÉVAUDEAU.
23. **Les Pierres tombées du ciel**, par STANISLAS MEUNIER, pr. au Muséum.
24. **Le Soleil**, par CHARLES MARTIN.
25. **Le Croup**, par le Dr LESAGE.
26. **Les Travaux d'Edison**, par E. DUMONT.
27. **Les Voitures sans chevaux**, par E. DUMONT.
28. **Iles et Récifs madréporiques**, par EDMOND PERRIER, de l'Institut.
29. **La Chimie de la Table**, par X. ROCQUES, expert-chimiste.
30. **L'Or**, par H. MERCEREAU.
31. **La Poste aérienne à travers les**
32. **Les Etoiles**, par CHARLES MARTIN.
33. **Le Surmenage moderne et la Neurasthénie**, par le Dr AZYGOS
34. **Le Fer**, par R. JAGNAUX.
35. **L'Allaitement**, par le Dr PORAK, de l'Académie de Médecine.
36. **Les Eaux de Table**, par le Dr J. LAUMONIER.
37. **Les Engrais chimiques**, E. ROUX.
38. **Les Vers parasites de l'homme**, par CHATIN de l'Acad. de Médec.
39. **Le Vin**, par A. HÉBERT.
40. **Le Pigeon messager et ses applications**, par CH. SIBILLOT.
41. **Les Cyclones**, par L. BESSON.
42. **L'Hygiène de la Table**, par X. ROCQUES
43. **Cyclisme et Cyclistes**, par H. DE GRAFFIGNY.
44. **Le Ciel**, par CHARLES MARTIN.
45. **Les Eléments de la Céramique et de la Verrerie**, par CH. QUILLARD
46. **Les Tremblements de Terre**, par VICTOR MEUNIER.
47. **Les Pierres précieuses**, par PAUL GAUBERT.
48. **L'Hygiène de l'Habitation**, par le Dr LAUMONIER.
49. **La Navigation à voiles et à vapeur**, par MICHEL-JULES VERNE.
50. **Perles et Pêcheries**, par H. MERCEREAU.
51. **Les Cures d'Eaux** *Vichy et Stations similaires*, par le Dr J. LAUMONIER.
52. **Les Bains de Mer**, par le Dr J. LAUMONIER
53. **Un Fléau social, l'Alcoolisme**, par le Dr LEGRAIN.
54. **La Planète Mars**, par C. FLAMMARION.
55. **Maladies et Moyens de Défense**, par le Dr A. DEMMLER.
56. **Le Sel**, par M. ARSANDAUX, attaché à l'Observatoire de Montsouris.
57. **Les Rayons X**, par PAUL PHILIPPON, répétiteur à la Sorbonne.
58. **Le Cuir**, par M. LAMAY.
59. **Les Continents disparus**, par HENRI GURDE.
60. **L'Alimentation des Plantes**, leur nourriture, par E. ROUX.
61. **La Photographie positive sur verre et les Projections lumineuses**, par G PHILIPPON.
62. **Les Poisons Minéraux**, p. E. TASSILLY.
63. **La Mécanique du Cœur**, par CH. CONTEJEAN.
64. **La Race bovine**, par M. BROCCHI
65. **Le Fond de la Mer**, par J. GIRARD

Pour paraître dans Quinze jours

N° 67

La Mosaïque

PAR

Paul LAURENCIN

La Mosaïque est l'art de produire, au moyen de fragments de pierres naturelles ou artificielles, des dessins et des ornements artistiques.

Non seulement la Mosaïque est à considérer comme ayant fourni des motifs d'ornementation riches et variés ; mais elle a constitué une source précieuse de renseignements archéologiques.

M. Paul Laurencin l'a examinée à ces deux points de vue, en même temps qu'il donne, en ce qui concerne la technique opératoire, des indications du plus vif intérêt.

ABONNEMENT

On s'abonne aux VINGT-SIX volumes d'une année

de la Bibliothèque Scientifique des Écoles et des Familles.

LES ABONNÉS RECEVRONT RÉGULIÈREMENT UN VOLUME TOUS LES QUINZE JOURS LE SAMEDI

PRIX DE L'ABONNEMENT D'UN AN

FRANCE — BELGIQUE ET ALGÉRIE	ÉTRANGER ET COLONIES SAUF LA BELGIQUE ET L'ALGÉRIE
QUATRE FRANCS 50 centimes	CINQ FRANCS 50 centimes

On s'abonne pour un an en envoyant le montant de l'abonnement, en mandat-poste, timbres français ou valeur sur Paris, à M. HENRI GAUTIER, éditeur, 55, Quai des Grands-Augustins, à Paris.

IMP. NOIZETTE ET Cie, 8, RUE CAMPAGNE-1re, PARIS.

www.ingramcontent.com/pod-product-compliance
Ingram Content Group UK Ltd.
Pitfield, Milton Keynes, MK11 3LW, UK
UKHW012118240726
13965UKWH00005B/1823